人身安全手册

方辽洋 编著

海峡出版发行集团
THE STRAITS PUBLISHING & DISTRIBUTING GROUP | 福建人民出版社
FUJIAN PEOPLE'S PUBLISHING HOUSE

图书在版编目(CIP)数据

人身安全手册/方辽洋编著.
—福州：福建人民出版社，2015.4（2017.2重印）
ISBN 978-7-211-07125-8

Ⅰ.①人...　　Ⅱ.①方...　　Ⅲ.①安全教育－手册
Ⅳ.①X925-62

中国版本图书馆CIP数据核字(2015)第063056号

人身安全手册

RENSHEN ANQUAN SHOUCE

作　　者：方辽洋
责任编辑：林　顶
特约编辑：林　荫
出版发行：海峡出版发行集团
　　　　　福建人民出版社
电　　话：0591-87533169（发行部）
网　　址：http://www.fjpph.com
地　　址：福州市东水路76号　　　　邮政编码：350001
经　　销：福建新华发行（集团）有限责任公司
印　　刷：福州德安彩色印刷有限公司
地　　址：福州市金山工业区浦上标准厂房B区42幢
邮政编码：350007
开　　本：889毫米×1194毫米 1/32
印　　张：3
版　　次：2015年4月第1版　　　2017年2月第2次印刷
书　　号：ISBN 978-7-211-07125-8
定　　价：25.00元

前　言

日常生活中，人们从事着集会、运动、旅游、学习、工作等活动，在这些活动中不免会存在诸多不安全因素。同时，当下社会治安中存在一些问题，人们遭受不法分子侵害或滋扰的情况时有发生。此外，自然灾害和意外事故也对人们的生命安全构成了威胁。据国家统计局发布的数据，我国2013年共发生交通事故198394起，死亡人数58539人。仅仅因为交通安全事故就有如此多的生命离我们远去，那么生活中由各种安全事故而导致的人身伤亡就更是触目惊心。

灾难事故固然可怕，但更可怕的是我们对它们一无所知，甚至明知它们会到来也束手无策、无力反抗。其实，生活中有百分之七八十的事故和伤害是可以避免的。很多时候，安全事故发生的主要原因是受害者缺乏必要的安全意识，面对危险时没有足够的知识和能力从容面对。因此增强安全意识、了解安全知识迫在眉睫。

本书立足于防范日常生活中可能会面临的各种安全事故，围绕人身安全这个中心，让读者全面了解身边可能存在的安全隐患，增强安全防范意识，学会预防安全事故，掌握简单的安全事故应急方法，提高临危不乱地处理事故的能力。书本采用问答的交流形式，结合生活案例，内容通俗易懂，适合大众阅读和学习。笔者希望此书能够帮助读者真正远离危险，让生活从此充满健康和快乐！

编　者

2014年6月6日

目　录

人
身
安
全
手
册

1. 什么是人身安全?

人身安全包括人的生命、健康、行动自由、住宅、人格、名誉等安全。

2. 什么是触电?

触电是指一定量的电流或电能通过人体引起的一种全身性或局部性损伤,通常出现肌肉、肌腱、神

经、血管等深部组织的坏死，也可伴有肝、肾等重要
脏器的功能损害。

3. 如何预防触电？

　（1）加强用电常识，规范操作用电器。如不要

湿手拔插电源；擦洗用电器时应先切断电源；不可乱拉电线、乱接用电设备，避免功率过大烧坏用电设备等。

（2）提高安全意识，不要随意接触裸露的电线。

（3）遇到高压线断落等情况应立即报警并小心绕开；若发现自己身处高压线导电范围10米内，则应试图用单脚跳离开危险区域；不要在高压电线附近晾衣服、燃放烟花爆竹、放风筝等。

（3）警惕导电隐患，不可在用电器旁放置易燃物品。

4. 触电后如何进行急救？

（1）发现有人触电后切记不能直接触碰触电者，应立即切断电源，或用不导电的物体将电线和触电者分离开。

（2）立即拨打120求救电话，同时拨打110报警。

（3）判断触电的程度，如果触电者神志清醒，呼吸和心跳正常，则让其保持平躺，尽量保持其周围空气流通，以免出现休克或者心力衰竭；如果触电者处

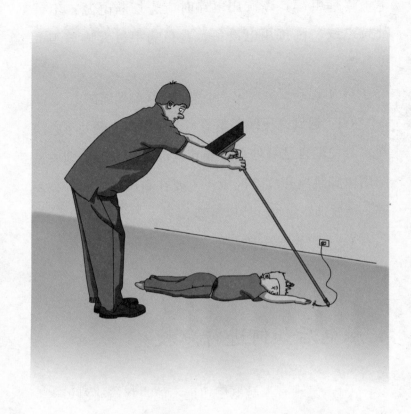

于昏迷状态且停止呼吸和心跳，应立即对其进行人工呼吸和心脏胸外复苏术抢救。

5. 用电时应注意哪些安全问题？

（1）保护好电线、插头、插座、灯座及电器的绝缘部分。必须保持绝缘部分的干燥，不用湿手去扳开关、插入或拔出插头。

（2）电线不能与金属物接触，不要将电线挂在铁钉上，以免发生短路。

（3）禁止用铜丝代替保险丝，禁止用橡皮胶代替电工绝缘胶布。

（4）电路中应安装漏电保护器，并定期检验保护器的灵敏度。

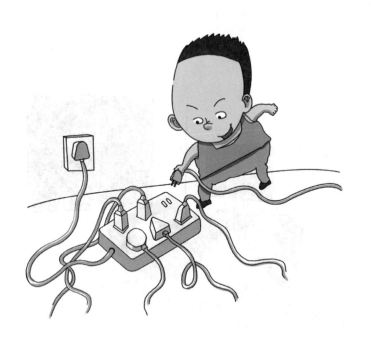

6. 雷雨天气怎样安全使用电器？

雷电交加的天气特别容易出现意外事故，家电也容易损坏。那么我们在雷雨天气使用电器时应该注意什么呢？

（1）关掉电视机、电脑等电器的开关，拔出电源插头，拔出电视机的天线插头或有线电视的信号电缆，最好将电缆移至室外。

（2）暂时不用电话，如一定要通话，应用免提功能，与话机保持距离，切忌直接使用话筒。

（3）与电线、有线广播喇叭保持1.5米以上的距离。

案例： 2007年7月的一个下午，小红正在家里看电视。当时天非常阴沉，不久便下起了大雨，不时还伴随着电闪雷鸣。突然一道闪电划过天际，紧跟着一声巨响，家里的电视机黑屏了，还不时发出"嗞嗞"的响声。小红害怕极了，便打电话给爸妈求救。后来才知道是电视被雷电击打烧坏了，还好当时小红没有触碰电视机，不然很可能就有触电的危险。

7. 如何预防火灾的发生？

（1）安全使用电气设备，杜绝玩火等不良现象。

（2）看到有人将未熄灭的烟头、火柴杆、废旧打火机等扔在垃圾桶内或可燃杂物上要立即提醒。

（3）不在家或者使用完电器后必须将电源断电，用电设备长期不使用时应切断开关或拔下插销。

（4）发现燃气泄漏，要迅速关闭气源阀门，打开门窗通风，到室外等待。切勿触动电器开关和使用明火，不要在燃气泄漏场所打电话。

（5）不要在楼梯间、公共走道等狭窄的通道内存放易燃易爆物品和维修机动车辆，保证消防通道的畅通和安全。

（6）要经常预演火场逃生的情景，掌握逃生方法，熟悉逃生路线。

8. 火灾发生的应急措施有哪些?

（1）发现火情后应迅速拨打火警电话119，说明详细地址、起火部位、着火物质、火势大小，留下姓名及电话号码，并派人到路口迎候消防车。

（2）大火来临时要有序安全地迅速逃生，不可慌不择路推倒他人，不可贪恋财物，以免失去逃生时机。逃离火场后不要冒险返回，有什么紧急事情可告知消防人员，请求帮助。

（3）火场逃生时要保持冷静，正确估计火势。如火势不大，可披上浸湿的衣物、被褥等向安全出口方向逃离，不可乘坐电梯。逃生时应随手关闭身后房门，防止烟气尾随进入。

（4）楼下起火，楼上居民切忌开门观看或急于下楼逃生，要紧闭房门，可用浸湿的床单、窗帘等堵塞门缝或粘上胶带，如果房门发烫，要泼水降温。

（5）若逃生路线均被大火封锁，可向阳台或架设云梯车的窗口移动，并用打手电筒、挥舞衣物、呼叫等方式发送求救信号，等待救援。

9. 火灾的扑救方法有哪些？

（1）窒息抑制灭火。如用泡沫灭火器灭火。就是用一层泡沫盖住了火苗，隔绝了空气，使火熄灭。当火种比较小时也可以用棉被、毛毯等覆盖在燃烧物的

表面来灭火。

（2）隔离火源灭火。如发现煤气罐漏气导致火灾时，应立马关闭门阀，再将火种熄灭。

（3）化学抑制灭火。如用干粉灭火器和干冰灭火器灭火。

（4）用水冷却灭火。如家里烛台倒了，烧到了窗帘，可用水桶盛水将火扑灭。如果是忌水性物品燃烧，万万不可用水灭火。

10. 校园着火了该怎么办?

（1）发现火灾时迅速判断火源方向以及风向，在火势没有蔓延开来的时候远离火源方向，尽可能逆着风向逃离。

（2）如果发生火灾时火势较大且消防通道被堵住，应迅速回到室内，堵住门窗，不让毒烟进入，用湿布包裹全身、堵住鼻口，防止火苗和有毒气体侵害人体。

（3）当无通道逃生时切不可直接从窗户跳下。如果楼层不高，可用绳子或者将衣物连接从窗口降到安全楼层和区域，呼叫并等待救援。

（4）切记不可搭乘电梯逃离，因为电梯随时可能被火烧坏，导致无法运行而将人困住。

11. 什么是食物中毒？

食物中毒是指人们因吃了含有毒素或被细菌污染的食物而引起的疾病。

食物中毒的特点是：

（1）突然发病，一般在食用被污染食品后一两个小时到一日内。吃同一来源食物的人群可引起集体食物中毒，但由于各人体质不同，适应能力有强弱，发病也有先后。

（2）一般特征是恶心、呕吐、腹泻、稀水样便，与急性肠炎基本相似，严重的伴有发烧、脱水、心血管机能障碍甚至死亡。

（3）误食化学类毒物，或吃了喷洒过剧毒农药的蔬菜、果品，会导致血液和神经系统的中毒，出现抽筋、心跳加剧、呼吸困难、神志不清等严重症状。

12. 怎样预防食物中毒？

（1）不买、不吃不新鲜和腐败变质的食品，不吃被卫生部门禁止上市的海产品。

（2）买回来的蔬菜要在清水里浸泡半小时或更长时间，并多换几次水，要洗得干净，以防残留农药危害身体。

（3）不要到无证摊贩处买食品，不买无商标、无生产单位、无保质期限等不符合规范的食品。

（4）生熟食品要分开，工具（刀、砧板、揩布等）要专用，餐具要及时洗擦干净，有消毒条件的要经常消毒。

（5）不吃有毒食品，如未经处理的河豚。

（6）家中不宜放农药等毒品，若有必要至少要使有毒物品远离厨房和食品柜。

（7）服药要遵医嘱，要按说明书服用，注意有关药物的禁忌事项。

13. 发生食物中毒怎么办？

（1）如果是家庭集体食物中毒，一般孩子最先发作，此时要立即带孩子去医院看病，切莫延误时间。

（2）如果孩子一人在家，发现食物中毒症状要立即报告家长；若病势过猛，则敲邻居家门，请求帮助送往医院，必要时爬也要爬出门外，至有人过往处呼救。

（3）如果发现孩子误食有毒食物，应立即叫救护车，同时用手指抠其喉咙催吐所食之物。

（4）保存吃剩的食品，等待食品卫生监督检验

所、防疫站等有关单位进行化验，然后再妥善处理残食和对餐具等物品进行消毒。

14. 有益的食物有哪些？

人在成长过程中每天都面对各种压力，不免会消耗大量的能量，因此需要通过进食来补充人体所需的各种营养。但是，面对种类繁多的食品我们该如何选择呢？哪些食品对人体帮助更大？它们都有哪些好处呢？

（1）奶制品、豆制品

奶制品不仅能为人体补钙，还能提供大量的蛋白质，对处于生长发育期的孩子以及喜欢健身的人有很大帮助。豆制品含有大量的叶酸、纤维和铁，能帮助我们强健骨骼，同时它富含蛋白质，更是低热量素食，对减肥的人来说是最佳选择。

（2）蔬菜类食品

蔬菜可提供人体所必需的多种维生素和矿物质等营养物质。如菠菜富含镁，能有效降低糖尿病Ⅱ型的发病率；胡萝卜富含人体所需的维生素A，如果缺乏这种维生素就有可能导致夜盲症和干眼症，严重的话还会对人体的牙齿和骨骼发育产生影响。

（3）水果类

众所周知，水果是日常人体补充水分和维生素的主要食品。不仅如此，有的水果还能够预防疾病。

①苹果：富含人体所需的纤维质。体内如有足够的纤维质能够有效减肥，还能降低心脏病的发病率。

②香蕉：富含钾，有助人体肌肉的正常收缩，有

助于增强心脏功能。

③蓝莓：富含抗氧化物质，能有效降低癌症和心脏病的发病率；同时富含花青素，有保护视力的功效。

④樱桃：能有效保护人体的心脏功能。

⑤柑橘：能减少尿路感染概率。

（4）谷类食品

谷类食品是中国传统的饮食构成。全麦、小麦、大麦、稻谷等五谷杂粮富含人体所需的各种纤维和营养元素，能够帮助我们有效预防心脏病、肥胖症、糖尿病等。

（5）土豆、红薯类

红薯被营养学家誉为营养最均衡的保健食品，能有效预防心血管疾病，同时还是抗癌和减肥的营养食品。

15. 在教室里活动应注意什么？

（1）防磕碰。大多数教室的空间比较小，又置放了桌椅、饮水机等用品，所以不能在教室中追逐、打闹，做剧烈的运动和游戏，避免磕碰受伤。

（2）防摔倒。教室地板若比较光滑，要避免滑倒受伤；需要登高打扫卫生、取放物品时，要请别人保护，注意避免摔伤。

（3）防坠落。无论教室是否处于高层，都不能将身体探出阳台或窗外，以防不慎坠楼。

（4）防挤压。教室的门、窗在开关时容易挤压到手，需加以防范，应当缓慢地开关门窗，以防夹到手。

（5）防火灾。不带打火机、火柴、烟花爆竹等易燃易爆物品进校园，杜绝玩火、燃放烟花爆竹等行为。

16. 课间活动有哪些注意事项？

（1）进行室外活动。室外空气新鲜，课间活动应尽量在室外进行，但不要太远离教室，以免耽误下面的课程。

（2）活动强度适当。活动强度要适当，不要太剧烈，以保证继续上课时精力集中、精神饱满。

（3）活动注意安全。活动时要注意安全，不奔跑、不追逐，更不能打打闹闹，以避免扭伤、碰伤等危险。

案例：9岁的刘明趁同班同学袁刚不备，打了他一下便跑，袁刚随后便追，刘明一个急转弯，斜插过去的袁刚猝不及防，被撞倒在地，刘明也随之压在了袁刚的身上。这一意外造成袁刚左手两处骨折，刘明三颗牙齿掉落，上嘴唇洞穿。事故发生后，该小学立即通知120急救，将刘明和袁刚送进医院治疗，同时也在第一时间通知了刘明和袁刚的家长。刘明住院治疗花去治疗费4000余元，续医费为15000元，经鉴定为伤残九级；袁刚住院治疗花去治疗费13000余元，续医费为6000元，经鉴定为伤残十级。

17. 上下楼梯要如何注意安全？

（1）上下楼不要拥挤。在楼梯上行走的时候一定要遵守秩序，不要拥挤。在楼梯上跑跑跳跳，一旦摔倒就很容易受伤。严禁在楼梯上互相推搡打闹，因为人多的时候很容易引发连环摔倒事故，造成群体性伤害事件。

（2）不在楼梯上滑行。坐在楼梯扶手上滑行是一种非常危险的行为，一旦摔倒很容易造成严重的伤害。

案例：昆明市明通小学发生踩踏事故，造成学生6人死亡、26人受伤。据一名学生回忆，午休结束后学生们走出宿舍，有同学在嬉闹时击打堆放于楼内的大棉垫，导致棉垫翻倒，压住一些低年级学生，由此引发惊慌，后面的学生向楼下跑，在此过程中发生了踩踏事故。事故中伤亡的主要是一、二年级学生。

18. 在校需注意哪些用电安全？

（1）放学后值日生要切断教室电源。

（2）有住校生的学校要严禁学生私自在寝室使用"热得快"、安装床上灯、接装自备电器等。遇到电路故障时，学生应报告老师请电工修理，不能自行修理。

（3）打扫卫生时要注意安全，切忌用湿布去抹电线、日光灯管和电风扇上的灰尘，如果有必要进行彻底清扫，也要在切断电源的情况下进行。

（4）空中架有电缆、电线的，不要在下面放风筝或进行球类活动，不要高抛物体，否则不小心碰着电缆，易发生事故。

19. 上体育课应该注意什么？

（1）长跑等项目要依照规定的跑道跑，不能串道。特别是快到终点冲刺时更要遵守规则，由于这时人身体产生的冲力很大，精力又集中在比赛中，思想上毫无警戒，一旦互相碰撞，就容易受伤。

（2）跳远时必须严格按老师的指导助跑、起跳。起跳前前脚要踏中木制的起跳板，起跳后要落入沙坑之中。这不仅是跳远训练的技术要领，也是保护身体安全的必要措施。

（3）在进行投掷训练时，如投铅球、铁饼、标枪等，一定要按老师的口令行动。这些器材有的坚固沉重，有的前端有尖锐的金属头，假如不按规定投掷，就有可能击中别人或自己，造成严重伤害，甚至发生生命危险。

（4）在进行单、双杠和跳高训练时，器材下面必须摆放厚度符合要求的垫子。假如直接落到坚硬的地面上，会伤及腿部关节或后脑。做单、双杠动作时，

要采取各种有效的保护办法，使双手提杠时不打滑，防止从杠上摔下来。

（5）在做跳马、跳箱等跨越训练时，器材前要有跳板，器材后要有维护垫，同时还要有老师和同学在器材旁站立保护。

（6）前后滚翻、俯卧撑、仰卧起坐等垫上运动的项目，训练时要严肃认真，不能打闹，以免发生扭伤。

（7）参加篮球、足球等项目的训练时，要学会保护自己，也不要在争抢中蛮干而伤及他人。在这些激烈的运动中，遵守比赛规则、注意安全是很重要的。

20. 参加运动会要注意什么？

运动会的比赛项目多、持续时间长、运动强度大、参与人数多，所以安全问题非常重要。

（1）要遵守赛场纪律，服从指挥，这是确保安全的基本要求。

（2）没有比赛项目的同学不要在赛场中穿行、游玩，要在指定的地点观看比赛。

（3）参加比赛前做好准备活动，防止受伤。

（4）临赛前不宜吃得过饱或饮水过多，赛前半小时可以吃些巧克力补充热量。

（5）比赛结束后不要立刻坐下或躺下，要坚持做完放松活动，使心脏逐渐恢复平静后再休息。不要立刻大量饮水、吃冷饮，也不要立刻洗冷水澡。

21. 春游、秋游应注意哪些安全事项？

（1）一切行动听指挥，准时出发，准时返校，按时回家。

（2）会晕车的学生应在上车前半小时服用晕车药。上、下车不拥挤，不将手、头伸出车窗外。

（3）遵守公共秩序，不大声喧哗；过马路时严格遵守交通规则；参观和活动时要做到井然有序，不拥挤、不喧闹、不追逃、不打闹；班级之间、同学之间要互帮互助，团结友爱；不擅自离队独自行动，有事要事先向带队老师请假，要以班级为单位搞活动。

（4）应带适量的干粮，宜在空旷的草地上用餐。娱乐形式以较静态的活动为宜。

22.剧烈运动前为什么要做准备活动?

（1）防止拉伤。做准备活动可以提高身体的温度，将韧带拉开，这样可以有效防止剧烈运动时受伤。

（2）放松心情。适当的准备活动有利于运动人员放松心情。

（3）调节心肺机能。在剧烈运动前做足准备活动，可以提高心肺机能，这样在运动中才不会受伤。

23. 运动时发生伤害怎么办？

（1）扭伤的处理方法。扭伤多发生在四肢关节处，扭伤后可以做冷敷。用毛巾沾冷水，拧干之后盖

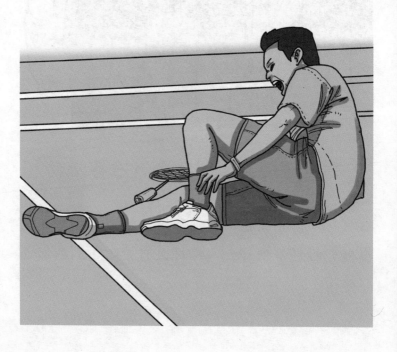

在伤处，也可以用冷水淋洗伤部。冷敷可以每隔三小时做一次，每次5至8分钟。

（2）挫伤的处理方法。身体被钝重的体育器械或其他物体碰伤称为挫伤。挫伤的急救方法与扭伤相同。

（3）擦伤的处理方法。擦伤的处理方法是先止血。由于血有自行凝结的能力，所以轻度擦伤时的渗出性出血在数分钟内即可自行停止。重度的大范围擦伤出血量大，要立即送医院抢救，在送医途中要设法止血或减少出血量。在止血过程中不能用脏毛巾、手绢等物擦洗伤处，以免发生细菌感染。

（4）骨折的处理方法。骨折的正确急救步骤是：首先除去压在伤者身上或阻碍搬移伤者的障碍物，然后把伤者放平，固定伤肢，进行保暖，在移动伤者时动作要缓慢轻柔，然后迅速送医院处理。切忌盲目翻动伤者的身体，以避免断骨伤及肌肉、神经、血管等。

（5）鼻出血处理方法。鼻出血伤者可暂时用口呼吸，头向前低，在额头或脖后放置冷水毛巾。如果出血不止，可用凡士林纱布卷塞入出血的鼻腔内。

24. 游泳应注意什么？

（1）需要进行体格检查。患有心脏病、高血压、肺结核、中耳炎、皮肤病、严重沙眼以及各种传染病的人不宜游泳。

（2）慎重选择游泳场所。不能到江河湖海中游泳，暗流、漩涡、淤泥、乱石和水草较多的水域不宜作为游泳场所，交往船只较多、受污染和有血吸虫的水域也不宜游泳。

（3）下水前做准备活动。伸展四肢，活动关节，用少量冷水冲洗身体，这样能使身体尽快适应水温，避免出现头晕、心慌、抽筋等现象。

（4）某些情况不宜游泳。饱食、饥饿、剧烈运动和繁重劳动后不要游泳。

（5）见有人溺水应该呼救。遇人溺水不要贸然下水营救，应大声呼喊他人前来相助。

25. 游泳时发生抽筋怎么办？

肌肉痉挛俗称抽筋，是肌肉突然不自主的强直性收缩。一旦发生抽筋，首先必须保持镇静，千万不要着慌，可向人求救或自己解脱。

在水中解脱抽筋的方法，主要是牵引抽筋的肌肉，使收缩的肌肉伸展和松弛。具体方法如下：

（1）手指抽筋时，将手握成拳头，然后用力张开，这样迅速交替做几次，直到解脱为止。

（2）一个手掌抽筋时，另一手掌猛力压抽筋的手掌，并做振颤动作。

（3）上臂抽筋时，握拳并尽量曲肘，然后用力伸直，反复几次。

（4）小腿或脚趾抽筋时，先吸一口气，仰浮于水面，用抽筋肢体对侧的手握住抽筋的脚趾，并用力向身体方向拉，另一只手压在抽筋一侧肢体的膝盖上，帮助关节伸直。如一次不能缓解，可连续做几次。

（5）大腿抽筋时，先吸一口气，仰浮于水面，弯曲抽筋的大腿，并弯曲膝关节，然后用两手抱着小腿用力使它贴在大腿上，并加振颤动作，最后用力向前伸直。

（6）胃部抽筋时，先吸一口气，仰浮于水面，迅速弯曲两大腿靠近腹部，用手稍抱膝，随即向前伸直，注意动作不要太用力，要自然。

不管发生什么样的抽筋，都应先向同伴或其他游泳者呼叫："我抽筋了，快来人呀！"旁边的人见状，可按上述方法帮助其解脱。

26. 怎样对溺水者实施急救？

　　把溺水者从水中救起后，立即将其衣服解开，用手指把其口腔、咽喉和鼻内的脏东西及黏液取出；接着急救人员要一腿跪地一腿蹲，把溺水者腹部放在蹲

着的腿上，用手压溺水者的背部，使其胃和肺里的水吐出；然后进行人工呼吸（必要时进行口对口人工呼吸），同时其他人要迅速拨打急救电话，或拦车将溺水者送往医院。

27. 路上被人敲诈、勒索、抢劫怎么办?

（1）要保持冷静，不要害怕，尽量说好话，跟他们说明自己没带钱，避免跟他们争吵。

（2）如果他们继续坚持向你要钱，就跟他们说回家取钱，寻找可以逃跑的机会。

（3）如果歹徒持有凶器，不要反抗，不要"硬碰硬"，可以给钱，但要记住对方的相貌特征，事后向公安机关报案，千万不要拉住欲跑的歹徒不放，以免歹徒狗急跳墙，持凶器伤人。

28. 如何防范被歹徒敲诈、勒索、抢劫？

（1）要结伴行动，尽量不要单独外出。

（2）尽量走大道，不走偏僻小路。

（3）言谈及穿着不可过分张扬，尽量不戴贵重首饰，不在外人面前炫耀自家财富，以免被歹徒盯上。

29. 出门在外如何防盗？

（1）钱财、贵重物品不外露。所带财物不可放于同一地方，不应让随身物件、行李等离开视线范围。

（2）钱、证要分离。各种证件、卡片尽量不同现金一起放于钱包内，最好放在体积大或重量大的包里。

（3）尽可能保证清醒的头脑。短途出行不熟睡，长途旅行时尽可能与旅伴轮班休息。

30. 外出遇陌生人跟踪或纠缠等怎么办？

（1）不理会陌生人搭讪，不接受陌生人的小恩小惠，不受欺骗不上当。

（2）当发现被人跟踪，可向警察求助，也可进入街边商铺暂行停留，若跟踪者徘徊不去，可打电话报警。切忌往偏僻、行人稀少的地方走去。

（3）当遭遇歹徒纠缠时，要沉着冷静与歹徒周旋，并伺机向路人求助或者报警求救。

31. 如何防止被绑架？

（1）不要在街上长时间驻足以及与陌生人聊天。

（2）不要将贵重物品挂在脖子上或别在腰间。

（3）勿交损友，勿涉足不良场所。

（4）不可向别人炫耀自家财富。

（5）走近或离开车辆前，应先检视周遭，并养成上车后即反锁车门的习惯。

（6）行路间应注意是否遭人跟踪，若遭人跟踪应往人多场所行进，或就近向警察机关报案。

（7）勿因抄近路行经荒僻地方，对于周遭突发变故应随时有所准备。

（8）敦亲睦邻，家里最好能安装自动报警装置。

（9）参加集体旅行时不要擅自离队，如不慎掉队应即与领队或警方联络。

32.被人绑架怎么办？

（1）心理建设很重要。

①保持冷静与警觉，拥有求生的信念并做好逃脱

的准备。

②以美好的具体期待减少身心痛苦。

③主动机巧地与绑匪沟通，争取存活的时机与空间。

④如对方持有利器，先设法安抚攀谈，让其放下武器。

⑤采取低姿态，以降低绑匪戒心。若无充分把握，勿以言语或动作刺激绑匪，以免遭到不测。

⑥提醒绑匪保持理智，不要伤害自己，因为伤害人质会受到法律的严厉制裁。

（2）求生守则不可少。

①尽量进食与活动，维持良好体能状况。

②衡量是否有能力逃跑，再运用随身携带物品自卫。

③如周遭有人，可乘机呼救引人注意。

④待机发出或留下求救信号，如眼神、手势、私人物品、字条等。

⑤等待时机设法潜逃，并立即以电话向家人或公安机关求助。

⑥熟记绑匪容貌、口音和所用交通工具及周遭环

境特征（特殊声音、味道），记住事件经过及细节，以在获救后提供给警方帮助破案。

33. 常见的马路骗局有哪些？

（1）在路上行走，突然发现路上有一个钱包，这

时骗子将钱包捡起，要和你分钱。

（2）骗子先以问路的方式套近乎，再以求助为理由骗取钱财。

（3）骗子利用人们贪小便宜的心理，让你出钱购买他手中的古物、外币等。

（4）骗子称有急事，在街头、商场借手机打电话从而骗走手机。

34. 防诈骗小贴士有哪些？

（1）停。自己冷静下来，不要处于一种激动、亢奋状态。

（2）看。看所讲的事物是否可信，对方讲话的神态表情是否过于夸张。

（3）听。提几个问题听对方的回答，一般而言骗术经不起推敲，盘问得越多漏洞越多，骗子越心慌。

35. 如何防止飞车抢夺？

飞车抢夺的受害人往往为单身夜行的女性。作案手法有两种，一是两人骑摩托车，由坐在后座者实施抢夺；另一种是驾小车抢夺。两种作案方法的作案时间多为夜间10点至凌晨5点。防范飞车抢夺应注意以下事项：

（1）夜间外出要注意走在人多光线亮的地方，最好不要单独行走。

（2）对于悄悄驶近的摩托车、小车要特别注意防范。

（3）骑车者可把包带绕在自行车车头上。

（4）徒步行走者应把包背在靠墙的一边。

（5）若有人在身后打招呼，千万不要让包离开自己的视线。

36. 如何防止ATM机取款诈骗？

当前社会，有不少违法分子利用ATM机从事犯罪行为，骗取受害人的钱财，手段五花八门，令人防不胜防。犯罪分子常用的诈骗手段如下：

（1）"温馨提示"诈骗法：犯罪分子将ATM机的出钞口堵住，在屏幕侧面粘贴假的"温馨提示"，并将假的插卡槽用胶水贴在银行ATM机插卡槽上，待受害者银行卡被"吞"后，缺乏警惕性的受害者会掉入犯罪分子预先准备好的陷阱——拨打假"温馨提示"上的电话号码，按照电话提示向犯罪分子提供银行卡密码或直接按照电话提示将款项转入犯罪分子指定的账户。

（2）"克隆"诈骗法：犯罪分子将读卡器安装在自助银行进门的刷卡器上，当受害人刷卡后，卡上磁条内的账号信息即被读卡器获取，然后犯罪分子通过安装小型摄像机或佯装等待取款伺机偷窥的方式取得受害人账号密码，再对银行卡进行克隆从而达到犯罪目的。

（3）守株待兔法：犯罪分子经常停留在银行的ATM机附近，伺机作案，一旦受害者在取款时疏忽大意将银行卡遗忘在ATM机里，犯罪分子马上进行转账或取现操作。

（4）狸猫换太子法：犯罪分子通过盗码器读取或通过捡取受害人银行取款凭条的方式获取银行卡信息，使用获取的银行卡账户信息和作废的银行卡或假卡假装存款，当银行无法读取该卡信息时，便以银行卡损坏为由要求更换新卡，一旦得逞，即将受害人账户内资金分批取出。

为了防止受骗，我们在使用ATM机交易时务必注意以下事项：

（1）在ATM机提款时要注意周围有无可疑的人或物品，输入密码时用手在键盘上方进行必要的遮挡，防止被偷窥。一旦发生吞卡情况，不要轻信ATM机旁张贴的虚假"温馨提示"信息，应及时与开户银行取得联系寻求帮助。

（2）在ATM机提款后，注意银行卡或取款凭条是否已取出，防止银行卡或取款凭条被不法分子捡到，获取卡内信息，克隆该银行卡，造成用户经济损失。

（3）银行卡用户要定期核对银行卡的交易信息，必要时可更换银行卡或密码，对出现的异常交易要及时与开户银行联系。

（4）如因不慎导致上当受骗，请立即向当地公安机关报案。

37. 在马路上行走时要注意哪些交通安全事项？

（1）在马路上行走要走人行道，没有人行道的道路要靠边行走。

（2）集体外出时，最好有组织、有秩序地列队行走；结伴外出时，不要互相追逐、打闹、嬉戏。

（3）行走时要专心，不要边走边看书报或做其他事情。

（4）在没有交通民警指挥的路段，要学会避让机动车辆，不与机动车辆争道抢行。

（5）在雾、雨、雪天，最好穿着色彩鲜艳的衣服，以便于机动车司机尽早发现目标，提前采取安全措施。在一些城市中，小学生外出均头戴小黄帽，集体活动时还手持"让"字牌，也是为了使机动车及时发现、避让，这种做法应当提倡。

38. 骑自行车要注意哪些安全事项？

（1）要经常检修自行车，保持车况良好，车闸、车铃是否灵敏、正常尤其重要。

（2）自行车的车型大小要合适，不要骑儿童玩具车上街。

（3）不要在马路上学骑自行车；未满12岁的儿童不应骑自行车上街。

（4）骑自行车要在非机动车道路上靠右边行驶，不逆行，转弯时不抢行猛拐，要提前减速慢行，看清四周情况，以明确的手势示意后再转弯。

（5）经过交叉路口要减速慢行，注意来往行人、车辆，遇到红灯要停车等候，等绿灯亮了再继续前行。

（6）骑车时不双手撒把，不多人并骑，不互相攀扶，不互相追逐、打闹。

（7）骑车时不攀扶机动车辆，不载过重的东西，不骑车带人，不在骑车时戴耳机听音乐。

39. 乘车遇上车厢起火或翻车事故怎么办？

乘火车或汽车时，由于旅客携带易燃、易爆物品，或车子自身有问题，有时会在途中发生火灾。当发现车内发出异味或冒烟，应立即要求驾驶员停车。在火车上，要服从列车员和乘警指挥，切莫慌了手脚，乱成一团。待车停稳后，打碎车窗，从窗口跳下，跳时注意收腹，双腿弯曲，让双脚先着地。

乘车时万一发生翻车事故，要抱住座位，身子缩成一团，头要紧贴身体，以免头部受伤。车子翻滚停止后，再将手松开，或自行爬出，或寻人抢救。座位自身不牢固的，切莫抱住座位，也不要抓住其他物体，要将身子缩成一团，头部贴近腹部，夹在两腿中间，这样可减轻身体伤害。乘车尤其是乘长途车，结伴同行的要相互照顾，同行者要轮流闭目休息，随时有人注视行车状况，以便遇险情时及时发出警告。

40. 乘坐火车应注意什么?

（1）不要吃陌生人的东西，夜间行车睡觉前要关闭好车窗。

（2）不要在车门和车厢连接处逗留，那里容易发生夹伤、扭伤、卡伤等事故。

（3）不要携带太多现金。

（4）注意和陌生人的交往方式，不要轻易透露个人情况。

（5）发生意外及时找乘警或列车工作人员处理。

41. 候车的注意事项有哪些？

（1）要在站台和指定地点等候车辆，不要站在车道（包括机动车道、非机动车道）上候车。

（2）排队候车，按先后顺序上车，不要拥挤。

（3）应等车停稳以后上下车，先下后上，不要争抢。

（4）需要乘坐出租车时，应在路边伸手示意，切不可站在车道上拦截，要在出租车站或者出租车停靠点上、下车。一般在上车后再告诉司机前往的地址，这既可防止司机拒载，又不会因为站在车外对话而发生意外。

42. 发生踩踏事故该如何应对?

（1）发觉拥挤人群向自己靠过来时应该立即避开，但是不要奔跑，以免摔倒。

（2）若身陷人群之中，一定要稳住双脚。切记远离店铺玻璃窗或者栏杆等障碍物，以免被玻璃碎片扎伤或者因受挤压被栏杆等硬物压伤。

（3）遭遇拥挤人流时，切记不要用体位前倾或者低重心的姿势行走，即便是鞋子被踩掉了或者是物品掉落了，也不要贸然弯下腰去捡，以免被推倒在地。

（4）如有可能，抓住一样坚固牢靠的东西，例如灯柱之类，待人群过去后，迅速离开现场。

（5）在拥挤的人群中要时刻保持警惕，当发现有人摔倒，要马上停止脚步，同时大声呼救，告知后面的人不要往前靠近。

（6）在人群中切记要和人流前进的方向保持一致，不要试图超过他人，更不能逆行，要听从指挥人员口令。要发挥团队精神，因为组织纪律性在灾难面前非常重要。专家指出，心理镇静是个人逃生的前提，服从大局是集体逃生的关键。

（7）若被推倒，要设法靠近墙壁，然后面向墙壁，身体蜷成球状，双手在颈后紧扣以保护头部和颈部。

（8）发生踩踏事故后，应在第一时间拨打110报警，同时拨打120请求救援。

案例： 2014年12月31日23时35分许，正值跨年夜活动，因很多游客市民聚集上海外滩迎接新年，黄浦区外滩陈毅广场进入和退出的人流对冲，致使有人摔倒，发生踩踏事件。事件造成36人死亡49人受伤。

43. 外出时如何预防和应对身体不适？

外出活动要自己照顾自己，稍不当心就会身体不适或遭受意外伤痛。因此，外出前要预备一些必要的药品，如风油精、人丹、黄连素、抗菌素、创可贴、伤湿止痛膏等，以备急用。同时，还要懂得一些自我保护、处理常识。

（1）外出一定要注意饮食卫生，把好"病从口入"关，防止食物中毒。外出活动要坚持做到：不喝生水；不吃腐烂变质的饭菜；生吃水果要洗干净；野营爬山不随便摘吃野菜、野果；不随意买街头路边包装粗糙、质量低劣的冷饮和不卫生的食品；到海边渔村不吃不新鲜的鱼虾、贝壳类海鲜，即使吃新鲜的海鲜，也要根据自己的体质，切不可贪食。

（2）预防晕船、晕车。预防晕船、晕车应采用

综合方法：上车、上船前要保持充足的睡眠，少食油腻；不要吃得过多，也不要空腹；尽量选择视野和通风良好的位子，双眼闭目静坐，做深呼吸和屏气动作，以减少内脏振动，或双眼看远处物体，不要左顾右盼或注视近物，以减轻眩晕感，在乘车船前可用伤湿止痛膏把生姜片贴于脐部或内关穴上，也可服人丹、晕海宁等药物。

（3）预防中暑。夏季外出活动时，由于阳光长时间照射，热量散不出去，或大量排汗，体内水分和盐分丧失过多，会使脑膜和大脑充血，引起中暑。预防中暑，要尽量避免在烈日下行走；外出要打遮阳伞，戴遮阳帽等，还要及时补充水分和盐分，不要等口渴了才喝水。若发现自己已中暑，要迅速走到阴凉通风的地方，松开衣扣散热，无风时可用扇子或电扇吹风，还可用冷毛巾敷头部、胸部，或用酒精擦身，要补充适量的含盐的清凉饮料，也可服人丹、十滴水、藿香正气水等药品，严重的应立即去医院治疗。

（4）若在外出途中突然感到身体不适，要立刻停下来休息；如在车上，要向驾驶员或售票员报告，要求将车开至附近医院，上医院治疗；如果感觉身体有点支撑不住，要把与自身信息相关的物件掏出握在手中，以便必要时周边的人帮助你联系亲友，也为医务人员的急救提供方便。

44. 经过施工场地应注意什么？

施工场地各种机械运转，车辆来来往往，电线临时架设，道路高低不平，如不加注意，很容易遭受意外伤害。

（1）经过施工场地，要仔细观察施工情况，尽量远离施工点，按工地规定路线安全通过。通过时不要靠近电源、碰触电线，小心避开上方碎物掉下，防备尘土入眼。

（2）严禁在起重装卸等机械下面站立观看、停留、嬉戏追逐。

（3）通过施工场地道路时要注意工地车辆来往方向，要看清路面，尽量避开坑坑洼洼地段，以防摔伤、扭伤。

（4）在山边路过采石场时，要预防被滚落的石块砸伤。如果采石放炮，应听从指挥，停留在安全区，切莫闯入禁区，听到安全信号后才可小心通过。

45. 被狗或蛇咬伤怎么办?

在户外特别是野外活动时，有时会遇到一些动物。最常见而又易对人构成威胁的就要数狗和蛇了。

为了看家护院，或为了玩赏，现在养狗的人很多，在郊外和农村地区尤为普遍。碰到无人牵着的狗时，不要试图把它吓走，也不要转身就逃。若与狗距

离较远，可绕开它行走；若狗逼近，可装着蹲下捡东西，有些狗见状会跑掉。被狗咬伤，伤痛自然不必说，最可怕的是染上狂犬病。狂犬病人会出现烦躁不安、恐水、抽搐、牙关紧闭等症状，最后因呼吸麻痹而死亡。如果被狗咬伤，应在两小时内严格处理伤口。如用针刺伤口周围皮肤，接着用20%浓度的肥皂水冲洗半小时，再用大量清水冲洗伤口。经简单处理后应迅速到医院就诊。

蛇如果没有受到打扰或者感觉受到威胁，一般不会伤人。万一被蛇咬伤，要立即把咬伤部位的血液挤出来。待毒液挤出后迅速用绷带绑扎伤口近心端（即伤口往心脏方向3~5厘米处），避免残留的毒液深入体内。随即用担架或车辆将伤者送院就医。

46. 如何正确使用电梯？

（1）乘电梯时勿同时将上行和下行方向按钮都按亮，以免安全装置出错，影响电梯正常运行。

（2）电梯门开启时，不要将手放在门板上，防止门板缩回时挤伤手指；电梯门关闭时，勿将手搭在门的边缘，以免影响关门甚至挤伤手指。

（3）乘电梯时应与电梯门保持一定距离。电梯门与井道相连，电梯运行时速度非常快，电梯门万一失灵，站在门附近的乘客相当危险。

（4）不要在电梯里蹦跳。电梯轿厢上设置了很多安全保护开关，如果在轿厢内蹦跳，轿厢就会严重倾斜，有可能导致保护开关启动，使电梯进入保护状态。这种情况一旦发生，电梯会紧急停止，造成乘梯人员被困。

47. 电梯发生安全事故要如何应对？

（1）电梯坠落。首先，固定自己的身体，这样发生撞击时不会因为重心不稳而造成摔伤。其次，将电梯墙壁作为脊椎的防护，紧贴墙壁可以起到一定的保护作用。最重要的，可以借用膝盖弯曲来承受重击压力，这是因为韧带比骨头更能承受压力。因此，背部紧贴电梯内壁、膝盖弯曲、脚尖踮起的保护动作才是正确的。

（2）电梯冲顶。电梯冲顶就是电梯轿厢越过顶层层站，冲向井道顶部。电梯发生冲顶可能是由电梯制动失效、上限位开关或上极限开关失效、电梯上行超速等原因引起的。冲顶造成的后果令人难以估计，严重的甚至会危及生命。如果放生冲顶现象，乘客应该靠壁屈膝，防止冲击对脊椎造成损伤。电梯停下后，不要掰门、爬顶窗，应留在电梯内安心等待救援。

（3）被困在电梯内。突然停梯的原因有很多种，在不知晓原因之前，任何自己设法逃离的行为都属冒险举动。在刚刚被困时，如果电梯内没有报警电话，可拍门叫喊或用鞋子敲门。如果长时间被困，最安全的做法是保持镇定，保存体力，等待救援。

48. 拨打紧急求助电话有哪些注意事项？

（1）记住号码。家中电话旁应留紧急电话簿。电话簿上应有家人电话、附近亲戚电话等重要号码。我国的急救电话是120，火警电话是119，盗警电话是110，交通事故电话是122，要熟记这些号码。

（2）说清信息。拨打紧急求助电话时要说清信息，告诉对方到底发生什么事情，说出事情发生的具体位置，留下你的电话号码。拨打火警、盗警、交通事故电话时应尽量找个安全的地方打电话。

（3）事前模拟。和家人讨论哪些情况属于紧急情况，和家人一起在家中演练不同紧急事件的处理方法。

49. 如何妥善保管钥匙？

（1）明白如何使用钥匙，知道哪把钥匙开哪道门。

（2）出门要随身携带钥匙，千万别将钥匙落在锁孔里。

（3）最好在亲朋好友家放一把备用钥匙。不要将钥匙藏在门口附近，很多惯偷都知道人们习惯藏钥匙的地方。

（4）钥匙一旦弄丢了，一定要及时打电话通知家人。

50. 未成年人出门玩耍要注意哪些安全事项?

（1）不要单独行动。

（2）不去黑暗或者没有人的偏僻场所玩耍，比如空空的大楼前、安静的门道处等。

（3）遇到陌生人搭讪，应立即走开，不要与其对话。

（4）千万不要跟陌生人走或者接近陌生人，不接受陌生人给你的任何东西，特别是食物。

（5）发现有人尾随或感觉有危险，应直接往人多的地方或朋友家跑，以便求助。

51. 未成年人单独在家接电话时有哪些注意事项？

（1）接电话时只说"你好"，不要说自己的名字；不要说出你和父母的任何信息。

（2）不要让打电话的人知道你父母不在家，如果他要求父母接电话，就说他们现在不方便接电话，问对方是否可以留言。

（3）碰到骚扰电话，直接挂断，什么也别说。如果有人老是打电话给你，一定要告诉父母。

52. 未成年人如何防范性骚扰？

（1）保持警惕，一身正气。衣着打扮不要过分暴露，如果能提高防范意识，就能有效防止自己成为性骚扰的对象，免陷性骚扰的困境。

（2）疏远关系，减少接触。当发现有人不怀好意、有性骚扰行为时，应主动回避，尽量疏远，减少与其接触和交往。把你的拒绝态度表示得明确而坚定，告诉对方，若一意孤行将产生严重的后果。

（3）光明正大，不贪小利。时刻注意自身的形象，消除心理上的缺陷，最主要的是要消除贪小便宜的心理，不要轻易接受异性的邀请，不要随便接受别人的馈赠等。

（4）敢于求助，保护自己。被骚扰的未成年人应该及时向家长、老师反映情况，依靠他们来保护自己，及时制止性骚扰。

53. 吸烟的危害有哪些？

（1）导致癌症。众所周知，吸烟易导致癌症。流行病学研究发现，导致肺癌最重要的原因之一就是吸烟。据统计，吸烟的人患上肺癌的概率是不吸烟的人的13倍，如果每天吸烟两包以上，那么其患病的概率就会比不吸烟的人高出45倍。

（2）导致心血管疾病。据研究报告显示，吸烟是导致大量心血管疾病发病的主要原因之一。吸烟的人患心脏病、脑血管疾病、高血压等病症的概率是不吸烟人的3~4倍，病死率是不吸烟的人的6倍。香烟中的尼古丁和一氧化碳是引起冠状动脉粥样硬化的主要原因。

（3）引起呼吸道疾病。吸烟是导致慢性支气管炎、慢性气道阻塞、肺气肿的主要原因。常常吸烟的人支气管炎的发病率比不吸烟的人高2~8倍。我们可以观察到常常吸烟的人会经常性地咳痰、干咳，这就是由于支气管不适所引发的症状。有人调查了1000个家庭，发现吸烟家庭16岁以下的儿童患呼吸道疾病的比不吸烟家庭的多。

（4）影响消化道。吸烟容易导致大肠癌。美国一项由30万男性、50万女性参与的研究数据表明，约20%的结直肠癌发病与吸烟有关。

（5）影响皮肤。吸烟对女性的危害尤其是对皮肤的伤害极其明显。吸烟女性比不吸烟女性要显得衰老，皱纹多、色泽带灰，尤其是处眼角、上下唇部及口角处皱纹明显增多。

根据世界卫生组织调查报告显示，全世界每年由于吸烟导致的各种疾病而引发死亡的人数高达500多万，每十个死亡的人当中至少有一个死于吸烟。可见，吸烟的危害是极其巨大的。因此我们要爱惜生命，远离香烟，除了拒绝吸烟外，更要规劝家人和朋友不要吸烟，避免身边的人遭受吸二手烟的危害。

54. 如何预防染上吸烟恶习？

（1）不要因好奇吸第一口烟。

（2）不要盲目模仿、赶时髦、图一时之乐而吸烟。

（3）不要为了追求刺激去吸烟。

（4）不要因为相信吸烟能缓解疲劳这样的谎言而吸烟。

（5）不要因为心烦而尝试吸烟。

（6）不要受他人怂恿而尝试吸烟。

（7）要学会拒绝吸烟者递来的香烟。

55. 毒品的危害有哪些？

（1）毁灭自己。吸毒，毒素会侵害大脑、心脏、肝脏、肾脏等组织器官。毒瘾发作时吸毒者难以忍受巨大的痛苦，往往导致自伤、自杀、自残。过量吸食、注射毒品会直接导致死亡。

（2）祸及家庭。毒瘾永远不可能得到满足，吸毒需耗费大量钱财，即使有一定的经济基础也只能维持一时。有些吸毒者为满足毒瘾不惜遗弃老人、出卖子女，甚至胁迫妻女卖淫以获取毒资，造成倾家荡产、妻离子散、家破人亡的后果。另外女性吸

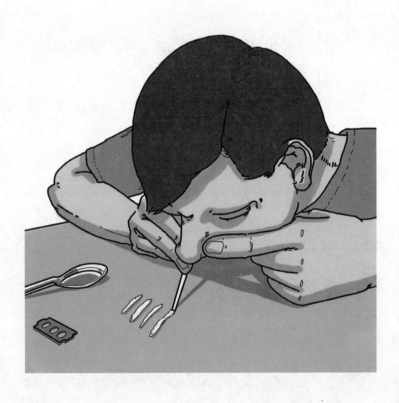

毒者还可能使刚出生的婴儿染上毒瘾，成为小小的"瘾君子"。

（3）危害社会。吸毒和犯罪是一对孪生兄弟。吸毒者在耗尽个人和家庭钱财后会铤而走险，进行以贩养吸、贪污、诈骗、盗窃、抢劫、凶杀等犯罪活动，女性吸毒人员往往靠卖淫维持吸毒，这些必将扰乱社会治安，给社会安定带来巨大威胁。

56. 青少年应如何抵制毒品？

（1）坚决不吃第一口。毒品有时会穿上特殊的外衣，有些居心叵测的人会说这不是毒品，或者说这种毒品是新产品，不会上瘾。青少年要有起码的识别能力，是毒品都会上瘾，都必然对身体造成伤害。有些毒贩会以免费尝试的方式拉人下水，我们必须十分警惕。

（2）时刻牢记毒品毁灭一生。在拒绝毒品的问题上，一定要时刻告诫自己：一日吸毒，终身戒毒，一旦染上毒品必然毁灭一生。

（3）机智地与贩毒违法犯罪行为做斗争。毒品问题就在我们身边。青少年在生活中可能会发现并直接面对毒贩，此时不能与他们正面斗争，要装作没看见或不懂的样子，设法脱身报警。要记住嫌疑人的特征，尽力协助警方破案。

57. 外出时遇雷雨怎么办？

（1）外出时遇雷雨，千万不能到大树、烟囱、电线杆、尖塔、瓜棚、草垛等处躲避，也不要站在山顶、山脊等处，因为高耸、凸出的物体最容易遭雷击。

（2）不要在巨石下、悬崖下和山洞口躲避雷雨，电流从这些地方中通过时会产生电弧，击伤避雨者。如果山洞很深，可以尽量躲在里面。

（3）在开阔水面游泳或划船的同学在雷雨来时要赶快上岸，否则容易成为雷击的目标。

（4）如果在空旷的野外无处躲避，应该尽量寻找低凹地（如土坑）藏身，或者选择"下蹲、双脚并拢、双臂抱膝、头部下俯"的姿势，尽量降低身体的高度。如果手中有导电的物体（如铁锹、金属杆雨伞等），要迅速抛到远处，千万不能拿着这些物品在旷野中奔跑，否则会成为雷击的目标。

58. 台风来了怎么办?

（1）台风到来之前，要检查房门、窗户、屋顶是否牢固，如有损坏要修理，或临时把窗门钉死。室外天线要加固或放倒收回室内。

（2）家中备好装有电池的手电筒（含电池）等照明工具，贮好清水，备好粮食和不易变质的食品，以防停水、停电和交通受阻。准备好急救药品，预防不测。

（3）若住的是危房，在台风到来之前要迁移至房屋牢固的亲戚朋友家中。

（4）刮风时若正在路上，要留意是否有瓦片、玻璃、木条等物从空中落下，还要随时注意路中是否有被吹断的电线，不要踩电线、电缆，要绕行。

59. 遇洪水暴发怎么办？

（1）洪水来之前要准备好食品、药品、装有电池的手电筒等，并选好转移的路线和地点。洪水来时，要听从街道、乡村政府干部的指挥，全家带足食品和衣物转移到安全的地方。

（2）洪水来时，如正在教室上课，要听从老师的指挥，有秩序地转移。如果来不及转移，要抓牢课桌、椅子等漂浮物，尽可能与老师、同学在一起，等待营救，千万不要独自行动。

（3）山区山洪暴发，山沟、河滩中水深齐膝、水流又急时，学生不能单身过河，需在家长、老师护送下，几个同学手拉手，以与水流方向斜叉的角度过河；如果水深齐腰，严禁学生过河。放学路上遇桥

梁、道路坍塌，不能冒险通过，可返回学校留宿或请老师想别的办法。

60. 地震来了怎么办?

（1）应当立即跑出家门，若是楼层较高无法及时离开，可用比桌、床高度更低的姿势，躲在桌子、床铺的旁边，或者利用家具支起三角形的空间以防被压。

（2）在逃生过程中应该用手护着头部，或者拿硬物保护头部，以防被掉落的物体砸伤；身体尽量弯下，以减小被砸到的概率。

（3）经过初震后，室内人员要尽快撤离，跑到空旷处，避免被坍塌建筑物砸伤。

（4）如果不幸被困在地震造成的废墟中，要尽量保持冷静，保存体力，耐心等待救援人员的到来，千万不要放弃任何获救的希望。

案例： 2008年5月12日14时28分，中国四川省汶川县发生了8.0级的地震。一位名叫王友群的老人被困于两块石头中间无法动弹。她仅凭借下雨时落入口中的雨水维持体力，并与两只狗对话保持清醒，挺过了196个小时，直至获救。

61. 如何规范上网行为？

（1）在网上，不要给出能确定身份的信息，包括

真实姓名、家庭地址、电话号码、密码、职业、家庭经济状况等。

（2）不要单独去与网上认识的朋友会面。如果认为非常有必要会面，则到公共场所，并且要有家人或好朋友陪同。

（3）不在网上发布自己的照片，如果你的照片或者个人资料等未经允许被他人滥用或者冒用，应该立即告知家长或者向公安机关报警，维护自身的权利不受侵害。

（4）如果遇到带有脏话、攻击性、淫秽、威胁、暴力等使你感到不舒服的信件或信息，请不要回答或反驳，但要马上告诉家人或通知服务商，也可向网警报案。

（5）不要在公开的网络平台上散布或者发表对他人具有攻击性的话语，也不要传播或者转发不详实或者虚假的内容，这样的行为有可能会触犯法律。

（6）拒绝观看、收听、传播各种淫秽、色情的音像视频或者图片。

（7）不要轻易接收不明来历的邮件，看到后应立即删除以防止打开后电脑中毒或者被窃取个人资料。

（8）控制自己使用网络的时间。在不影响自己正常生活、工作、学习的情况下使用网络。最好平时用较少的时间进行网络通信等，在节假日可集中使用。切不可将网络或电子游戏当作一种精神寄托。尤其是在现实生活中受挫的青少年，不能只依靠网络来缓解压力或焦虑，应该在成人或朋友的帮助下，勇敢地面对现实生活。

62. 常见的"网络病"有哪些?

（1）沉迷于上网无法自拔，性格孤僻怪异。

（2）沉迷于网恋，甚至沉迷于"虚拟婚姻"。

（3）患"网络性心理障碍"，身心崩溃。网络性心理障碍是指患者往往没有一定的理由，无节制地花费大量时间和精力在互联网上持续聊天、浏

览，以致损害身心健康，并在生活中出现各种行为失常、心理障碍、人格障碍、交感神经功能部分失调等现象。

案例： 13岁的张小艺是天津市某重点中学初二学生，因沉溺于网络游戏不能自拔，于2003年12月27日早晨7点多钟跳楼自杀。警方从他身上发现了四份遗书，没有一份是关于与父母道别的，尽是一些莫名其妙的名字如S. H. E、守望者等。后查实，张小艺是因自己在现实世界中学习成绩下滑遭到父母和老师的批评，这与虚拟世界带给他的英雄形象不符，背上了沉重的心理负担，最终走向绝路。

（4）网络违法犯罪。来自公安部门的调查资料显示，近年来，利用互联网实施违法犯罪的活动现象日益严重，网络犯罪已经成为不容忽视的违法犯罪新动向。

63. 如何防治"网络病"？

（1）有效监督与控制。根据学习、工作的情况合理安排每天上网时间，一周内控制上网次数，先完成必要的学习任务和工作再上网，以免影响自身学习和工作。

（2）增强体质，培养各方面兴趣爱好。积极参加各种体育锻炼和社交活动，培养各方面的兴趣爱好，如阅读、旅游、舞蹈等，这样不仅能增强体质，丰富自身内涵，提高修养，还能有效转移注意力，避免染上网瘾给自身带来伤害。

（3）堵不如导，教会孩子正确使用网络。家长和老师应善于引导青少年，让他们认识到网络的真正用途不是娱乐，网络是我们学习和工作的小帮手。家长和老师可以与孩子一起通过网络查找资料，获取对学习和工作有用的信息，也可以教会孩子如何使用网络进行购物和交易，让他们感受到网络给学习和生活带来的帮助和便利。只有让孩子正确看待网络的真正用途，才能有效地防止其沉迷于网络。

（4）加强理想教育和意志力培养。家长和老师应该从青少年的心理特征出发，帮助其树立远大的理想，培养高尚的思想道德情操，增强意志力和自控能力。只有这样，才能更有效地预防青少年网络成瘾。

64. 心理不健康有哪些危害？

（1）易犯错误。心理不健康会导致一个人易犯错误，甚至是犯一些低级的错误。如由于不善于控制情

立远大的理想。

（6）学会思考，勤动脑筋，学会全面分析复杂问题，要有遭受挫折的思想准备。

66. 怎样使自己处于稳定的积极情绪之中？

（1）要树立正确的人生态度，热爱生活，热爱工作和学习，热爱大自然。

（2）要有广阔的胸襟，不要只关心眼前的琐事，要做到肚量宽宏，心胸豁达。

（3）增强对生活的适应能力。既要有远大的理想抱负，又要正视生活现实，要学会正确地评估自己。

（4）注意锻炼意志，学会自我控制。喜不过度，悲不至绝。遇到挫折时，要敢于面对现实，提高心理承受力，百折不挠地去争取成功。

（5）丰富生活内容。生活单调、枯燥也会引发消极情绪，因此，要使生活充实、内容丰富。除了学习和工作，还需要适当参加家务劳动、体育锻炼和文娱活动。

67. 遇到挫折怎么办?

　　成功者与失败者之间的差别，就在于怎样面对挫折。是从此一蹶不振消极下去，还是发愤图强去争取胜利。如果我们能正确对待挫折，挫折就会催人奋进。"逆境出人才"的道理就在这里。

（1）认识困难，勇于承认失败。所谓受挫折，就是在实现自己目标的过程中遇到了困难，遭受了失败。如果没有承认失败的勇气，那就无法克服困难，挫折就会变成包袱，压得你透不过气来。只有真正认识困难，才可能找到克服困难的办法。

（2）冷静分析受挫折的原因。工作或学习中难免会遇到挫折，有的是由马虎大意所致，有的则是由思维和行动的方法不对所致。因此我们要善于冷静分析，找出原因，设法解决。

（3）把挫折当作动力。有些挫折是客观环境和自身条件所造成的，例如家庭经济困难、身体有某种缺陷等。有志者会把这些"不足"转为动力，知难而进，决心用事实来证明自己是一个成功者。有这样决心的人，就会以常人难以想象的意志力去拼搏。这也正是他们今后取得成功的奥秘所在。

68. 遇到不幸和不愉快的事怎么办？

"家家皆有难念的经，人人都有难唱的曲。"不愉快、不幸的事家家有之，人人有之，那么该怎样对待呢？

（1）承认事实，莫生幻觉。有些人发生了不幸，总是不愿相信，不愿承认。但事实毕竟是事实。若心里老是想着"这是不可能的"，那就容易产生幻觉，一旦无法回避现实，遭受的刺激会更大，造成的伤害也更严重。

（2）哭一哭，诉一诉。哭从某种意义上讲也是一种保护性反应。人随着年龄增大，通常会学会控制感情，不轻易哭。但是遭到重大不幸时，哭一场会好受些，闷在心中反而更难受。遇到不幸和不快，向亲友倾诉自己的痛苦、委屈，对于减轻心中的伤痛也是有帮助的。

（3）不妨想得再坏些，也不妨想些过去愉快的事。发生了不愉快的事，不妨把事情想得更糟些。这样与现实一对比，心里就会好受些。更重要的是多想些过去愉快的事，特别是当这种不快是因与他人产生矛盾所致时，应多想一想他人做过的好事，以及他人与你一起度过的愉快日子。

（4）做平时喜欢做的事。这样做可以转移注意

人身安全手册

力，减少心中的痛苦。此外，读读小说，听听音乐，做一件需要十分用心的事，或和好朋友外出游玩，转移一下注意力，也是很有好处的。